Martina Michalik
Elisabeth Alkemper

Holz ist toll!

Mobiles, Spielzeug und Dekoratives

frechverlag

Im frechverlag sind viele weitere Bücher mit tollen Ideen für die kreative Freizeitgestaltung erschienen. Hier eine Auswahl:

TOPP 2214

TOPP 2004

TOPP 2180

TOPP 2221

TOPP 2121

TOPP 2230

Fotos: frechverlag GmbH + Co. Druck KG, 70499 Stuttgart; Fotostudio Ullrich & Co., Renningen

Auflage: 5. 4. 3. 2.
Jahr: 2001 2000 1999 98
Letzte Zahlen maßgebend

frechverlag GmbH + Co. Druck KG, 70499 Stuttgart

ISBN 3-7724-2267-5 · Best.-Nr. 2267

Druck: frechverlag GmbH + Co. Druck KG, 70499 Stuttgart

HOLZ ist und bleibt für uns ein faszinierender Werkstoff, mit dem immer neue Ideen realisiert werden können. Die Objekte dieses Buches lassen sich mit einfachen Techniken herstellen. Vorkenntnisse benötigen Sie nicht. Sie sollten lediglich auf die Gegebenheiten des Holzes wie z.B. die Maserung oder natürliche Farbgebung achten und sie in das eigene Werkstück einplanen.

Das Hauptmotiv für die Erstellung der hier vorgestellten Arbeiten ist die Freude von jung und alt an unseren Werkstücken. Wenn Kinder ein fertiges Stück entdecken, muß es die erste Probe bestehen. Bleibt es heil und regt es zum weiteren Spiel an, wird das Teil begeistert in den Spielzeugbestand aufgenommen. So werden Spielsachen und Dekorationen aus Holz zu einer Bereicherung für das Kinderzimmer.

Aber auch für Erwachsene lassen sich wunderschöne Dinge aus Holz herstellen - für das eigene Heim oder als sehr persönliches Geschenk. Neben dem Spaß, den die Beschenkten an den Objekten haben, darf die Freude bei der Herstellung nicht verschweigen werden. Holz ist einfach toll!

Lassen auch Sie sich von diesem lebendigen Werkstoff faszinieren. Wir wünschen Ihnen viel Spaß und Freude, den Kindern beim Spiel mit den hier vorgestellten Dingen und den Erwachsenen bei der Produktion!

Ihre

M. Michalik & Elisabeth Alheper

Arbeitshinweise, Tips & Tricks

Werkzeug

- *Transparent- oder Kohlepapier (zum Übertragen der Vorlagen)*
- *Laubsäge oder Dekupiersäge mit feinen und mittleren Sägeblättern*
- *Schleifklotz mit mittlerem und feinem Schleifpapier*
- *Holzleim*
- *Zwingen*
- *Bohrer*
- *Farben und Pinsel*
- *Bleistift und Kugelschreiber*

In diesem Buch haben wir uns ganz bewußt auf Verarbeitungstechniken beschränkt, die sich auch ohne einen voll ausgestatteten Hobbykeller verwirklichen lassen.

Wir geben aber ehrlich zu, daß uns so manches technische Gerät die Arbeit erheblich erleichtert hat. Die Modelle in diesem Buch haben wir mit einer elektrischen Dekupiersäge ausgesägt. Für den Anfang und die meisten Werkstücke reicht aber tatsächlich eine Handlaubsäge aus.
Schwierig wird es bei Hölzern, die die Stärke von 1 cm überschreiten, da das Sägen dann mehr Kraft und Geschicklichkeit erfordert.

Wer sich etwas Gutes tun will, greift beim Bohren statt zum Handbohrer zu einem Akkuschrauber mit Drehmomentkupplung. Dieses hilfreiche Gerät findet auch bei vielen anderen Schraub- und kleineren Bohrarbeiten im Haus sinnvolle Verwendung.

Sägeblätter

Hölzer bis zu einer Stärke von etwa 3 mm werden in der Regel mit Sägeblättern Nr. 2 gesägt (ganz dünne Hölzer auch mit Sägeblättern Nr. 1). Stärkere Hölzer können mit Sägeblättern Nr. 3 und mehr gesägt werden. Probieren Sie aus, mit welchen Blattstärken Sie am besten arbeiten können.

Auswahl des Holzes

Die in diesem Buch vorgestellten Arbeiten sind in vielen Fällen aus Hölzern hergestellt, die wir irgendwo preiswert erhalten haben, geschenkt bekamen oder die sich im Keller fanden. Diese Form der Holzauswahl ist sehr preiswert und macht deutlich, daß es kein Dogma in diesem Bereich gibt. Andererseits haben wir viel „Lehrgeld" dabei gezahlt; daher im folgenden einige Tips, die sich bewährt haben.

Sperrholz

Achten Sie bei Sperrholz auf gute Qualitäten. Absolut unbrauchbar ist Billigholz (etwa aus Gabun). Am besten geeignet ist nach unseren Erfahrungen Ahorn-Sperrholz. Es hat eine schöne Farbe und Maserung und läßt sich sehr gut sägen. Leider ist diese Sorte schwer zu erhalten.

Woher nehmen?

Wir nutzen die folgenden Bezugsquellen.

Modellbaufachgeschäfte für Sperrhölzer zwischen 0,8 mm und 4 mm Stärke:
Die Holzplatten haben ein handliches Format von 20 cm x 30 cm.

Hinzu kommt, daß man die Sperrholzplatten selbst aussuchen und somit ärgerliche, aber unvermeidliche Holzfehler auf ein Minimum beschränken kann.

Baumärkte für Zuschnitte:
In den Baumärkten sind in der Regel nur Holzqualitäten von 4 mm und stärker zu erhalten. Eine Auswahl der Platten ist nicht möglich, dafür sind aber die Preise niedriger als in den Modellbaufachgeschäften.

Holzfachhandel für große Platten (220 cm x 122 cm):
Der Quadratmeterpreis einer solchen Platte ist in der Regel nur halb so hoch wie der des gleichen Holzes im Zuschnitt. Wenn Sie über genügend Platz im Keller verfügen, so ist der Kauf einer großen Platte eine durchaus lohnende Alternative zum Kauf bereits zugeschnittener Hölzer.

Grundsätzlich gilt: Möglichst das Holz im Handel aussuchen. Nur bei einem unseriösen Händler trägt das nicht zur Beliebtheit bei!

Bohren von Löchern

Um zu verhindern, daß das Holz beim Bohren von Löchern an der Austrittstelle des Bohrers ausreißt, legen Sie ein dickeres Holzstück unter die Bohrstelle. Bohren Sie mit nur leichtem Druck durch das Holz hindurch in den untergelegten Holzklotz, und ziehen Sie den sich weiter drehenden Bohrer langsam wieder zurück.

Übertragen einer Vorlage

Um eine Vorlage auf das Holz zu übertragen, gibt es mehrere Möglichkeiten.
Ein Stück Transparentpapier wird auf den Vorlagenbogen gelegt, die Konturen werden mit einem weichen Bleistift nachgefahren. Das Papier wird mit der Bleistiftseite nach unten auf das Holz gelegt, die Konturen werden mit einem festen Gegenstand (z. B. einem Kugelschreiber) nachgezogen. Bei dieser Methode wird die Vorlage seitenverkehrt übertragen.
Eine andere Möglichkeit besteht darin, die Vorlagen mit Hilfe von Kohlepapier zu übertragen. Legen Sie das Kohlepapier mit der abfärbenden Seite nach unten auf das Holz und die Vorlage (Vorlagenbogen, eine Kopie oder ein Motiv auf Transparentpapier) darüber. Fahren Sie die Konturen mit einem festen Gegenstand (z. B. einer Stricknadel) nach.

Bearbeitung ausgesägter Holzteile mit Schleifpapier

Vor der weiteren Verarbeitung behandeln Sie alle ausgesägten Holzteile zunächst mit einem feinen Schleifpapier (Körnung 120 bis 180). Entfernen Sie dabei alle Markierungslinien, die vom Übertragen der Vorlage auf das Holz stehengeblieben sind und die Sie nicht mehr brauchen. Die Kanten und Seiten der einzelnen Holzteile schleifen Sie, soweit nötig, glatt.

Leimen

Zum Verleimen von Holzstücken nehmen Sie am besten einen handelsüblichen Express-Leim. Spannen Sie das Werkstück zum Abbinden des Leims in Zwingen, damit die Leimung später gut hält.

Eine gute Leimung erkennt man an austretendem Leim. Solange dieser noch nicht abgebunden ist, läßt er sich einfach entfernen.

Farben und Wachse

Es gibt im Handel eine Vielzahl von Farben, Stiften und Wachsen, so daß hier nur eine ganz kleine Auswahl vorgestellt werden kann.

Hochglanzlack auf Wasserbasis:
Dieser Lack ist gut deckend und läßt sich sehr leicht mit Wasser wieder aus dem Pinsel auswaschen.

Plakatfarbe und Farbe für die Bauernmalerei:
Diese Farben sind ebenfalls gut deckend, müssen jedoch abschließend mit einem Klarlack überzogen werden. Die Oberfläche der Holzteile wird durch den doppelten Auftrag von Farbe und Lack sehr glatt.

HOLZ-PEN:
Mit diesen Farbstiften lassen sich die Holzarbeiten schnell und einfach bemalen. Die Farbe trocknet schnell und deckt gut. Die Stifte sind in verschiedenen Stärken erhältlich, so daß auch sehr feine Konturen gut gezogen werden können.

Wachs:
Holzobjekte, die naturbelassen bleiben sollen, sollten Sie zum Schutz gegen Schmutz mit einem Wachs behandeln. Die Oberfläche bekommt dadurch ein sehr schönes Aussehen, da die Maserung des Holzes sichtbar bleibt.
Bei dem Wachskauf sollten Sie darauf achten, daß Sie „speichelechtes" Wachs bekommen, das außerdem „für die Herstellung von Spielzeug geeignet" ist.

Tips zum Bemalen:
Die Oberfläche bemalter Holzarbeiten wird selten ganz glatt sein. Das liegt daran, daß das Holz beim Farbauftrag etwas aufquillt und die Holzfasern sich aufstellen. Um eine möglichst glatte Oberfläche zu erzielen, können Sie:
- nach dem Farbauftrag (vor dem evtl. Überzug mit einem Klarlack) mit einem feinen Schleifpapier die aufgestellten Holzfasern abschleifen und die Farbe ein zweites Mal auftragen oder
- vor dem Farbauftrag das Holzteil mit einem dicken Pinsel mit Wasser einpinseln, gut trocknen lassen und die aufgestellten Holzfasern abschleifen.

Pinsel

Sparen Sie nicht beim Pinselkauf!
Wir verwenden für kleine Muster und Punkte Marderhaarpinsel der Stärke 1 und 2. Sie haben eine gute Spitze, mit der sich sehr exakt arbeiten läßt.
Für große Flächen sind breite Haarpinsel geeignet. Mit ihnen läßt sich die Farbe schnell und gleichmäßig auftragen.
Waschen Sie die Pinsel nach jedem Gebrauch sorgfältig aus, damit sie schön weich bleiben.

SERVIETTENSTÄNDER

Diese Serviettenständer passen durch die Naturbelassenheit des Holzes zu fast jeder Gelegenheit auf den Tisch.

Material für die Ente:

- *Sperrholz, 5 mm: 25 cm x 33 cm*
- *Vollholzleiste, 1 cm: 11 cm lang, 5,5 cm breit*

Material für den Fisch:

- *Sperrholz, 5 mm: 25 cm x 26 cm*
- *Vollholzleiste, 1 cm: 12 cm lang, 5,5 cm breit*

Zuschnitt für einen Serviettenständer:

- *2 x Welle*
- *2 x Ente bzw. Fisch*

Übertragen Sie die Vorlagen auf das Sperrholz, und sägen Sie die Teile aus. Alle durchgehenden Linien werden gesägt (Augen, Wimpern, Federn, Schnabel und Flossen).

Leimen Sie die Vollholzleiste zwischen die beiden Wellen. Die genaue Position ist auf der Vorlage mit einer gepunkteten Linie eingezeichnet.

Nun leimen Sie die beiden Enten bzw. Fische von innen gegen die Wellen (diese Position ist ebenfalls auf der Vorlage gepunktet eingezeichnet). Abschließend können Sie den Serviettenständer mit einem Wachs zum Schutz gegen Schmutz behandeln.

ANHÄNGER FÜR DEN OSTERSTRAUSS

Material für sechs Anhänger:
- *Sperrholz, 1 mm: 10 cm x 14 cm*
- *Bindfaden zum Aufhängen*
- *Bohrer: 0,8 mm*

Die Teile 1 bis 6 werden in beliebiger Menge auf das Holz übertragen und ausgesägt.
Bemalen Sie die Küken, Hasen und Eier von beiden Seiten, und lackieren Sie sie.

Bohren Sie mit dem 0,8-mm-Bohrer die Löcher an den mit Kreuzen markierten Stellen, und ziehen Sie die Fäden zum Aufhängen durch.
Viel Spaß mit den Motiven am Osterstrauß oder an einem Zweig im Fenster!

SCHAFE UND MÄUSE IM BLUMENTOPF

Material für die Schafe:
- *Sperrholz, 5 mm: 9 cm x 18 cm*
- *5 Schaschlikspieße*
- *Bohrer: ca. 2,5 mm*

Material für die Mäuse:
- *Sperrholz, 5 mm: 12 cm x 7 cm*
- *2 Schaschlikspieße*
- *Bohrer: ca. 2,5 mm*

Die Tiere werden auf das Holz übertragen und ausgesägt. An den Stellen, die mit gestrichelten Linien gekennzeichnet sind, werden von unten Löcher in die Figuren gebohrt. Der Durchmesser des Bohrers ist dem Durchmesser der Schaschlikspieße anzupassen (ca. 2,5 mm). Sägen Sie die Spitzen der Schaschlikspieße auf einer Seite ab, und verleimen Sie diese glatten Seiten in den Löchern der Tiere.
Nach dem Bemalen werden die Tiere mit Klarlack überzogen. Besonders wichtig ist es, die Holzspieße dick zu lackieren, damit sie im Blumentopf nicht so schnell vermodern.
Die Maus ohne Spieß wird an eine Seite des Topfes gehängt.

BLUMENSTRAUSS

Die Blumen sehen in einer Vase als Strauß sehr schön aus. Sie können aber auch einzeln in Blumentöpfe oder in den Garten gesteckt werden.

Material für den Blumenstrauß:

- *Kiefer-Rechteckleiste, 1 cm dick: 90 cm x 8 cm*
- *5 Rundhölzer, ø 4 mm: 45 cm lang*
- *5 Holzperlen, naturfarben: ø 1,5 cm*
- *Bohrer: 4 mm*

Zuschnitt:

- *1 x je Blüte*
- *10 x Blatt*

Übertragen Sie die Vorlagen auf die Rechteckleiste, und sägen Sie die Teile aus. Für jede Blume werden zwei Blätter benötigt.
Bohren Sie mit dem 4-mm-Bohrer vorsichtig durch jedes Blatt ein Loch, durch das Sie später den Rundstab stecken können (die Position des Bohrloches ist auf der Vorlage durch eine gestrichelte Linie angedeutet). Bohren Sie in jede Blume ein ca. 1,3 cm tiefes Loch (gestrichelte Linie auf der Vorlage), und leimen Sie dort je einen Rundholzstab als Blumenstengel ein. Durch die Holzperlen bohren Sie mit dem 4-mm-Bohrer ebenfalls ein Loch, falls das vorhandene Loch nicht groß genug sein sollte. Stecken Sie von unten her auf jeden Blumenstab eine der Holzperlen, und schieben Sie sie fast ganz nach oben.

Jetzt werden die Blüten, die Blätter und die Perlen bunt bemalt.
Schieben Sie nach dem Trocknen der Farben die Perlen bis ganz nach oben unter die Blüten, und leimen Sie sie dort fest. Stecken Sie die Blätter auf die Stäbe (je Stab zwei Blätter), und leimen Sie sie an der gewünschten Position ebenfalls fest.
Kürzen Sie die Blütenstengel auf die gewünschte Länge, und bemalen Sie sie abschließend.

KÄFER

Wenn diese kleinen, lustigen Käfer nicht gerade über den Tisch krabbeln, dann lassen sie sich mit ihren biegsamen Beinen auch an Zweigen oder Vasen festklemmen.

Material für einen Käfer:

- *Sperrholz, 3 mm: 8 cm x 12 cm*
- *2 Wackelaugen, ø 7 mm*
- *8 Holzperlen, ø 4 mm*
- *Pfeifenputzer, schwarz:*
  1 x 4 cm (Fühler)
  3 x 6 cm (Beine)
- *Bohrer: 2 mm*

Zuschnitt für einen Käfer:

- *1 x Käferkörper*
- *2 x Flügel*

Übertragen Sie den Körper und die Flügel auf das Holz, und sägen Sie die Teile aus.
Bohren Sie mit dem 2-mm-Bohrer die Löcher für Fühler und Beine durch den Käferkörper durch (die Positionen sind auf der Vorlage durch kleine Kreuze gekennzeichnet).
Legen Sie die beiden Flügel gegengleich vor sich so auf den Tisch, wie sie später einmal an den Körper geleimt werden sollen. Schleifen Sie die Flügelinnenkanten schräg ab, und leimen Sie die Flügel am Körper fest (entlang der gepunkteten Linie auf der Vorlage). Sie stehen durch die abgeschliffenen Innenkanten etwas vom Körper ab.
Bemalen Sie nun den Käfer. Nach dem Trocknen der Farben stecken Sie die Pfeifenputzerstücke durch die gebohrten Löcher, wobei das kürzere Stück für die Fühler verwendet wird. Die Pfeifenputzerteile müssen auf beiden Körperseiten gleich weit überstehen. Nun biegen Sie Fühler und Beine in die gewünschte Form. Damit die Enden nicht zu spitz sind, wird auf jedes Fühler- und Beinende eine kleine Holzperle aufgesteckt und festgeleimt.
Abschließend werden die Wackelaugen aufgeklebt.

Hase mit Wackelohren

Material:
- *Vollholz, 1,8 cm: 20 cm x 13 cm*
- *Sperrholz, 5 mm: 20 cm x 9 cm*
- *Sperrholz, 3 mm: 10 cm x 7 cm*
- *Sperrholz, 2 mm: 30 cm x 12 cm*
- *4 Holzräder, ø 6 cm: 1 cm dick*
- *1 Rundholz, ø 4 mm: 2,8 cm lang*
- *2 Rundhölzer, ø 4 mm: 0,8 cm lang*
- *2 Rundhölzer, ø 4 mm: 0,7 cm lang*
- *2 Rundhölzer, ø 5 mm: 4,5 cm lang*
- *Bohrer: 4 mm, 5 mm und 6 mm*

Zuschnitt:
- *1 x Teil 1 aus Vollholz*
- *2 x Teil 2 aus Sperrholz, 5 mm*
- *2 x Teil 7 aus Sperrholz, 3 mm*
- *2 x Teil 3 und 6 aus Sperrholz, 2 mm*

Bohren Sie mit dem 4-mm-Bohrer in die Teile 6 und in den Kopf (Teil 1) an den mit einem Kreuz markierten Stellen jeweils ein Loch. Mit dem 5-mm-Bohrer bohren Sie in alle vier Räder in die Mitte ein Loch, ebenso in die Teile 3 (an der mit einem Kreuz markierten Stelle). In zwei Räder werden nach Vorlage 4 die Löcher neben der Achse mit einem 4-mm-Bohrer nur 5 mm tief gebohrt (einmal seitenverkehrt).
Leimen Sie die Teile 2 auf beide Seiten des Körpers (Teil 1) gemäß der gestrichelten Linie auf. Die beiden Löcher am unteren Teil des Körpers (Teil 1, mit Kreuz markiert) bohren Sie mit einem 6-mm-Bohrer.
Die beiden Teile 7 leimen Sie auf beiden Seiten des Kopfes an der gepunkteten Linie auf Teil 1 auf. Das 2,8 cm lange Rundholz stecken Sie durch das Loch im Kopf von Teil 1, so daß es auf beiden Seiten übersteht. Hier werden die Ohren (Teil 3) aufgesteckt. Die Kopfaußenseiten (Teil 6) werden auf beiden Seiten aufgesteckt und verleimt. Der Leim kommt sowohl auf die Teile 7 als auch auf beide Seiten des Rundholzes. Achten Sie genau darauf, daß die Ohren nicht mit festgeleimt werden, sondern sich frei bewegen können. Die beiden 4,5 cm langen Rundhölzer werden als Achsen für die Räder durch die beiden Löcher im Körper gesteckt. Zwei Räder (Vorlage 5) dienen als Hinterräder, sie werden zum Testen hinten auf die Achse gesteckt. In die Löcher der beiden anderen Räder (Vorlage 4), die näher an der Achse liegen, werden die 8 mm langen, in die weiter entfernten Löcher die 7 mm langen Rundhölzer gesteckt. Zum Testen werden die Räder (Vorlage 4) auf die Vorderachsen gesteckt, so daß die herausstehenden Stifte zum Körper hin zeigen und die Hebel der Ohren hinter den Stiften zu liegen kommen.
Nun können Sie testen, ob die Stifte die richtige Länge und die Löcher für die Stifte die richtige Tiefe besitzen. Ist dies nicht der Fall, muß jetzt korrigiert werden. Die Stifte brauchen ein wenig Spiel zum Körper, jedoch nicht so viel, daß die Ohren zwischen Stift und Körper durchrutschen können. Wenn alles stimmt, werden die Räder wieder abgenommen und die Stifte in den Vorderrädern (Vorlage 4) festgeleimt.

Die Vorder- und die Hinterachse werden jeweils an einem Rad festgeleimt. Nun werden der Hase sowie die Innenseiten der Räder bemalt. Die Achsen werden durch den Körper (Teil 1) gesteckt und die beiden anderen Räder festgeleimt und bemalt.

ZUG

Material:
Der Einfachheit halber werden im folgenden die Wagen nach der Farbe ihrer Ladung bezeichnet.

- *4 Holzleisten, 1 cm: 12 cm x 6 cm (Bodenplatten für die Wagen)*

Gelber bzw. blauer Wagen:
- *4 Holzleisten, 1 cm: 14 cm x 2,7 cm*
- *4 Holzleisten, 1 cm: 6 cm x 2,7 cm*

Gelbe Ladung:
- *4 Rundstäbe, ø 2,9 cm: 5,8 cm lang*

Blaue Ladung:
- *8 Vierkanthölzer, 1,4 cm x 1,4 cm: 11,8 cm lang*

Roter Wagen:
- *2 Holzleisten, 1 cm: 14 cm x 6 cm*
- *2 Holzleisten, 1 cm: 6 cm x 6 cm*

Ladung:
- *9 Rundstäbe, ø 1,6 cm: 11,8 cm lang*

Grüner Wagen:
- *2 Holzleisten, 1 cm: 14 cm x 3,8 cm*
- *1 Holzleiste, 1 cm: 6 cm x 3,8 cm*
- *1 Holzleiste, 1 cm: 6 cm x 1,8 cm*

Ladung:
- *8 Vierkanthölzer, 1,8 cm x 1,8 cm: 5,8 cm lang*

Lok:
- *1 Holzleiste, 1 cm: 14 cm x 6 cm*
- *1 Holzleiste, 1 cm: 12,3 cm x 6 cm*
- *2 Holzleisten, 1 cm: 18 cm x 6 cm (Seiten für die Lok)*
- *Sperrholz, 3 mm: 24 Plättchen, 6 cm x 3 cm*

Achsen:
- *20 Holzscheiben, ø 3 cm: 1 cm dick*
- *20 Unterlegscheiben, ø des Loches in der Mitte mindestens 9 mm*
- *10 Rundstäbe, ø 8 mm: 8,5 cm lang*
- *10 Holzleisten: 6,4 cm lang, 2,5 cm breit, 3 cm hoch*

Kupplung:
- *9 Magnete, ø 1,2 cm: ca. 7 mm dick*
- *1 Rundstab, ø 2 cm: 14 cm lang*
- *18 kleine Ringschrauben*

Sonstiges:
- *Bohrer: 1 mm, 8 mm, 9 mm und 12 mm*
- *Holzspachtel*

Übertragen Sie die Teile a und b auf die Holzleisten für den roten Wagen (je zweimal), das Teil c auf die langen Holzleisten für den grünen Wagen (zweimal) und das Teil d auf die Holzleisten für die Lok-Seiten (zweimal). Sägen Sie die Teile aus.
Setzen Sie nun die einzelnen Wagen zusammen, indem Sie zuerst die kurzen Seitenteile von außen gegen die Bodenplatten leimen, dann die langen Seitenteile gegen die Bodenplatte und die kurzen Seitenteile.
Für die Lok leimen Sie die Bodenplatte, die 24 Sperrholzplättchen und die Deckplatte entsprechend der Zeichnung d auf dem Vorlagenbogen zusammen. Dann setzen Sie von außen die Seitenplatten dagegen. Schleifen Sie die Lok in die gewünschte Form (am einfachsten mit einem Bandschleifer), und schmieren Sie die Lücken mit Holzspachtel zu. Nach dem Trocknen schmirgeln Sie die Lok nochmals glatt.

Für die Achsen bohren Sie mit dem 9-mm-Bohrer längs durch die kleinen Holzleisten je ein Loch (je 1,25 cm von unten und den Seiten entfernt). Leimen Sie diese Achsstücke von unten gegen die Wagen (ca. 1,4 cm vom Rand der kurzen Seiten entfernt) und die Lok. Bohren Sie vorsichtig in die Mitte der Holzscheiben mit dem 8-mm-Bohrer ein Loch und leimen Sie je einen Holzstab hinein.
Bemalen Sie die Wagen, die Lok und die Räder, die bereits auf einen Holzstab geleimt sind.
Stecken Sie nun die Holzstäbe mit den Rädern durch die Löcher in den Achsen (zwischen Rad und Achse kommt jeweils eine Unterlegscheibe), und leimen Sie die restlichen Holzräder fest.

(Fortsetzung Seite 18)

Achse

Als nächstes sägen Sie für die Kupplungen den 2 cm dicken Rundstab in neun ca. 1,4 cm lange Stücke. Bohren Sie in jedes der Stücke mit dem 12-mm-Bohrer eine Vertiefung, in die je ein Magnet geleimt wird. Die Löcher sollten nur so tief gebohrt werden, daß die Magnete noch etwas außen überstehen. Achten Sie darauf, daß die Polung der Magnete stimmt (jeweils vier von einer Sorte und fünf von der anderen).
Bemalen Sie den Zug fertig. Achten Sie darauf, daß Sie gleiche Kupplungsteile mit gleicher Farbe bedecken.
Abschließend bohren Sie mit dem 1-mm-Bohrer die Löcher für die Ringschrauben vor, an denen die Kupplungen angebracht werden. Die Wagen erhalten vorne und hinten (in der Mitte der Bodenplatte) je ein Loch, die Lok nur an einer Seite.

Biegen Sie mit einer Zange neun der Ringschrauben etwas auf, und drehen Sie sie in die Löcher an Wagen und Lok ein.
Bohren Sie in die Mitte der Kupplungsstücke je ein Loch (entgegengesetzte Seite des Magneten), und drehen Sie dort die restlichen Ringschrauben hinein. Hängen Sie die Kupplungsteile an Wagen und Lok in die geöffneten Ringschrauben ein (auf die Richtung der Magnete achten), und biegen Sie diese Ringschrauben wieder zu. Nun kann der Zug losfahren.

Kupplung

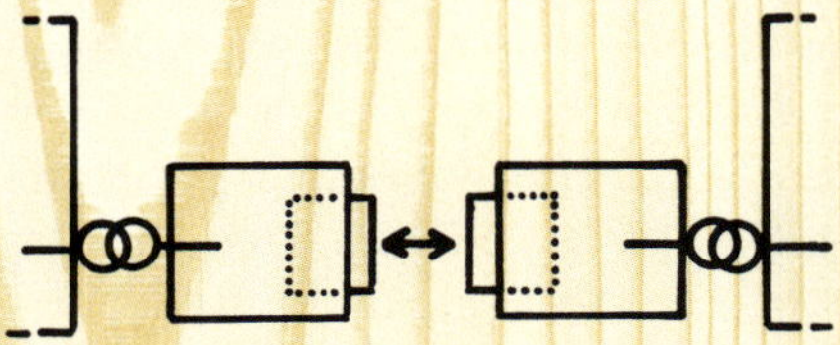

UNTERSETZER FÜR TEELICHTER

Diese Teelicht-Kerzenständer passen besonders gut auf Geburtstagstische.

Material für eine Blume:
- *Sperrholz, 3 mm: 13 cm x 22 cm*
- *Teelicht mit Glasbehälter*

Material für die Schildkröte:
- *Sperrholz, 3 mm: 13 cm x 18 cm*
- *2 Wackelaugen, ø 6 cm*
- *Teelicht mit Glasbehälter*

Übertragen Sie die gewünschten Vorlagen auf das Holz, und sägen Sie die Teile aus.
Bemalen Sie die Objekte (Stellen, die später geleimt werden, müssen farbfrei bleiben!), und leimen Sie die Oberteile auf die entsprechenden Unterteile.

Die Unterteile sind mit einer Nummer und einem „a" gekennzeichnet, die Oberteile mit der dazugehörigen Nummer und einem „b". Auf den Unterteilen ist mit einer gepunkteten Linie die Position für die Oberteile angedeutet.
Abschließend bekommt die Schildkröte zwei lustige Wackelaugen aufgeklebt.

HAMPEL-HUHN

Dieses lustige Hampel-Huhn, das zunächst wie ein ganz gewöhnliches Huhn aussieht, macht nicht nur Kindern Freude. Auch Erwachsene ziehen gerne an der Schnur, um sich überraschen zu lassen, was dann passiert.

Material:
- *Sperrholz, 8 mm: 12 cm x 10 cm*
- *Sperrholz, 3 mm: 60 cm x 30 cm*
- *4 Rundhölzer, ø 4 mm: 14 mm lang*
- *1 Holzperle, ø 1,5 cm*
- *Schnur*
- *1 große rote Feder*
- *Bohrer: 1 mm, 4 mm und 5 mm*

Zuschnitt:
- *1 x Teil 1a (Kopf von Teil 1 bis zur gestrichelten Linie) aus Sperrholz, 8 mm*
- *2 x Teil 2 aus Sperrholz, 8 mm*
- *2 x Teil 1, 3 und 5 aus Sperrholz, 3 mm*
- *1 x Teil 4 aus Sperrholz, 3 mm*

Bohren Sie mit dem 4-mm-Bohrer die Löcher in die Teile 1 (mit Kreuz markiert) und mit dem 5-mm-Bohrer die Löcher in die Teile 3 und 5. Die mit einem zusätzlichen Kreis gekennzeichneten Kreuze auf den Teilen 3, 4 und 5 markieren 1 mm große Bohrungen.
Der Kopf (Teil 1a) und die beiden Hölzer (Teil 2) werden auf ein Teil 1 geleimt (siehe gestrichelte Linie). Ebenso werden die Rundhölzer in dieses Teil geleimt, so daß sie hinten mit dem Holz abschließen.
Bemalen Sie die Flügel, die Füße und das Ei. Stecken Sie diese Teile auf die Rundhölzer.

Die Flügel und die Füße verknoten Sie der Skizze entsprechend mit dem Ei und hängen an dessen unteres Ende die Holzkugel.

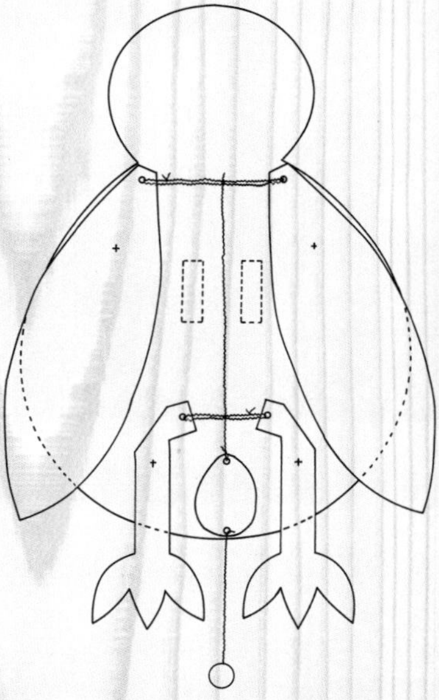

Befestigung der Flügel, der Beine und des Eis

Stecken Sie das zweite Körperteil (Teil 1) auf die Rundhölzer, und verleimen Sie es. Achten Sie darauf, daß Sie die Flügel und die Beine nicht mit festkleben.
Der Kopf und die Leimstellen werden nun noch einmal geschmirgelt. Abschließend bemalen Sie den Rest des Huhnes und krönen dieses mit einer Feder auf dem Kopf.

SEGELSCHIFFE IM WIND

Material:
- *Vollholz, 1,8 cm: 15 cm x 7 cm*
- *Sperrholz, 1 mm: 20 cm x 25 cm*
- *5 Rundhölzer, ø 4 mm: 9 cm lang*
- *Zweig zum Aufhängen*
- *Bindfaden zum Aufhängen*
- *Bohrer: 1 mm und 4 mm*

Zuschnitt:
- *Schiffskörper aus Vollholz*
- *Segel und Wolken aus Sperrholz*

Übertragen Sie die Vorlagen auf das entsprechende Holz, und sägen Sie die Teile aus.
Mit dem 4-mm-Bohrer bohren Sie in die Schiffskörper mittig von oben (an der gestrichelten Linie) jeweils ein Loch.
In die Wolken werden an den mit Kreuzen markierten Stellen 1 mm große Löcher gebohrt.
Mit dem 1-mm-Bohrer bohren Sie durch jeweils eine Seite der Rundhölzer, 4 mm von der Oberkante entfernt, ein Loch.
Bemalen Sie die Schiffskörper, die Wolken und die Segel. Lassen Sie die Stellen der Segel farbfrei, die später an den Mast geleimt werden.
Leimen Sie die Rundhölzer in die Löcher der Schiffskörper. Achten Sie darauf, daß sich die Löcher oben in den Masten befinden.
Abschließend leimen Sie die Segel an die Masten und auf die Schiffskörper, wobei Sie sie leicht schräg stellen können.

Ein Zweig (eventuell von einem Korkenzieher-Haselnußstrauch) wird in den Farben der Wolken bemalt. An diesem Ast werden die Schiffe und die Wolken aufgehängt.

TANZ UM DEN VULKAN

Material:

- *Sperrholz, 3 mm: 42 cm x 30 cm*
- *Sperrholz, 1 mm: 30 cm x 25 cm*
- *1 Rundstab, ø 8 mm: 33 cm lang*
- *8 Wackelaugen, ø 4 mm*
- *Perlonfaden*
- *Bohrer: 1 mm*

Zuschnitt:

- *2 x Vulkan aus Sperrholz, 3 mm*
- *4 x Drache aus Sperrholz, 3 mm*
- *8 x Teil a (Hinterbein) und b (Vorderbein) aus Sperrholz, 3 mm*
- *8 x Teil c aus Sperrholz, 1 mm*
- *4 x Teil d, e, f, g und h aus Sperrholz, 1 mm*

Übertragen Sie die Vorlagen auf das entsprechende Holz, und sägen Sie die Teile aus. Bohren Sie mit dem 1-mm-Bohrer die Löcher zum Aufhängen durch die Drachen und durch **ein** Vulkanteil (das andere Vulkanteil bleibt ohne Löcher). Die genauen Positionen für die Löcher sind mit einem Kreuz auf der Vorlage eingezeichnet.
Nun sägen Sie in ein Vulkanteil von unten her bis zu dem Pfeil einen 3 mm breiten Schlitz (gestrichelte Linie). In das andere Vulkanteil sägen Sie den Schlitz von oben her bis zu dem Pfeil. Stecken Sie die beiden Vulkane ineinander, und leimen Sie sie zusammen.
Zu jedem Drachen gehören zwei Vorder- und zwei Hinterbeine. Leimen Sie die entsprechenden Beine an den Drachenkörpern fest.

Bemalen Sie alle Teile. Achten Sie darauf, daß die Stellen, die noch geleimt werden müssen, zum größten Teil farbfrei bleiben.
Zur Vervollständigung erhält der Vulkan noch etwas spritzende und laufende Lava. Dazu wird Teil c auf die Vorder- und die Rückseiten der Vulkanteile aufgeleimt. Die Teile d und f werden direkt auf den Vulkan geklebt. Teil e gehört auf Teil d, die Teile g und h werden auf Teil f aufgeleimt (die Positionen sind durch gepunktete Linien eingezeichnet). Ebenso stellen Sie die übrigen Vulkanseiten fertig (ein Vulkanviertel erhält auf einer Seite immer ein Teil d, auf der anderen Seite immer ein Teil f).
Nachdem die Drachen ihre lustigen Wackelaugen bekommen haben, schmirgeln Sie die Enden des Holzstabes rund und hängen das Mobile entsprechend der folgenden Skizze mit dem Perlonfaden auf.

Aufhängen des Mobiles

UNTERM APFELBAUM

Unter diesem Apfelbaum wimmelt es nur so von Igelkindern, die sich zusammen mit ihren Eltern auf die Suche nach Obst gemacht haben.

Material:
- *Sperrholz, 1 mm: 25 cm x 40 cm*
- *Bindfaden*
- *Bohrer: 0,8 mm*

Zuschnitt:
- *2 x Baum*
- *2 x großer Igel*
- *4 x Apfel und kleiner Igel*

Übertragen Sie die Vorlagen auf das Sperrholz, und sägen Sie die Teile aus. Das eine Baumteil sägen Sie von unten her bis zur Mitte mit einem 1 mm dicken Sägeblatt entlang der gestrichelten Linie ein, das andere Baumteil von oben her bis zur Mitte. Stecken Sie die Bäume über Kreuz ineinander, und verleimen Sie sie. Sollten die beiden Teile zu sehr klemmen, dann werden sie so lange geschmirgelt, bis sie passen.
Der Baum, die Igel und die Äpfel werden bemalt und an den mit einem Kreuz markierten Stellen mit einem 0,8 mm großen Loch versehen.
Die Igel und die Äpfel werden abschließend an den Baum gehängt.

AUF DEM BAUERNHOF

Material:

- *Sperrholz, 2 mm: 27 cm x 27 cm*
- *Sperrholz, 1 mm: 23 cm x 27 cm*
- *Rundholz, ø 3 mm: je 1 x 11 cm, 14 cm, 16 cm, 19 cm und 22 cm lang*
- *Rundholz, ø 4 mm: je 1 x 16 cm, 17 cm, 27 cm und 35 cm lang*
- *Perlonfaden, ø 0,2 mm*
- *Bohrer: 1 mm*

Zuschnitt:

- *1 x Teil 1 aus Sperrholz, 2 mm*
- *2 x Teil 3 aus Sperrholz, 2 mm*
- *3 x Teil 5 aus Sperrholz, 2 mm*
- *5 x Teil 2 aus Sperrholz, 1 mm*
- *3 x Teil 4 und 7 aus Sperrholz, 1 mm*
- *1 x Teil 6 aus Sperrholz, 1 mm*

Übertragen Sie die Tiere auf das Holz, und sägen Sie sie aus. Beim Sägen der Tiere aus dem 1 mm dicken Sperrholz muß man besonders langsam und vorsichtig arbeiten, da hier schnell kleine Teile abbrechen können.

Nun werden die Ränder der Holztiere mit feinem Schmirgelpapier glattgeschliffen. Die Tiere werden dann bemalt und nach dem Trocknen lackiert.

Bevor Sie sie aufhängen, bohren Sie mit dem 1-mm-Bohrer die Löcher an den Stellen, die mit einem Kreuz markiert sind.

Mit Perlonfäden werden die fertigen Tiere an den Rundhölzern befestigt (siehe Skizze).

Aufhängen des Mobiles

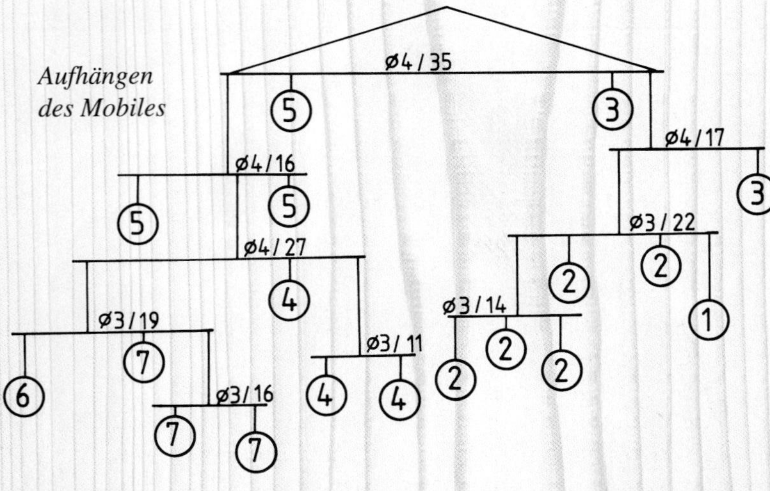

Hängen Sie die Werkstücke zunächst immer an die unteren Rundhölzer, und arbeiten Sie dann nach oben weiter: nehmen Sie zuerst die Hühner, dann den Hahn, nun die Gänse, jetzt folgen die Ferkel und das Schwein, die Kühe und zum Schluß die Schafe.

Hinweis: Da sich die Tiere drehen, sehen Foto und Skizze nicht identisch aus.

IM WELTALL

Material:

- *Sperrholz, 3 mm: 12 cm x 20 cm*
- *Sperrholz, 1 mm: 15 cm x 15 cm*
- *1 Rundholz, ø 8 mm: 35 cm lang*
- *2 Rundhölzer, ø 4 mm: 11 cm lang*
- *1 Holzkugel (Erde), ø 3 cm*
- *1 Holzkugel (Mond), ø 1 cm*
- *2 Holzhalbkugeln (Planet), ø 3 cm*
- *2 Holzhalbkugeln (Planet), ø 3,5 cm*
- *Draht, ø 1 mm: 1,5 cm lang*
- *3 kleine Schraubösen*
- *Perlonschnur*
- *Bohrer: 1 mm*

Zuschnitt:

- *2 x Rakete aus Sperrholz, 3 mm*
- *1 x Teil a und b aus Sperrholz, 1 mm*
- *4 x Teil c aus Sperrholz, 1 mm*
- *6 x Teil d aus Sperrholz, 1 mm*

Übertragen Sie alle Teile auf die entsprechenden Hölzer, und sägen Sie die Teile aus. Bohren Sie mit dem 1-mm-Bohrer die Löcher durch die Sterne und durch ein Raketenteil (ein Raketenteil bleibt ohne Loch). Die genauen Positionen sind mit kleinen Kreuzen markiert.

Sägen Sie in ein Raketenteil einen 3 mm breiten Schlitz von unten her bis zum Pfeil (gestrichelte Linie auf der Vorlage). In das andere Raketenteil sägen Sie den Schlitz von oben her bis zu dem Pfeil. Stecken Sie beide Teile ineinander, und leimen Sie sie fest.

Bemalen Sie alle Teile. Lassen Sie die Stellen farbfrei, die später noch geleimt werden.

Leimen Sie die kleinere Holzscheibe zwischen die beiden kleineren Holzhalbkugeln, die größere Holzscheibe zwischen die beiden größeren Holzhalbkugeln.

Bohren Sie mit dem 1-mm-Bohrer die Löcher für die Schraubösen in die Erde und die beiden anderen Planeten vor. Die beiden zusammengesetzten Planeten erhalten die Löcher etwas seitlich. Drehen Sie die Schraubösen ein. Der kleine Mond wird auf das Drahtstück aufgespießt und dieses schräg seitlich in die Erde gesteckt (Löcher vorbohren).

Abschließend schmirgeln Sie die Enden der Holzstäbe rund und hängen das Mobile auf. Durch die Sterne mit den zwei Löchern wird der Perlonfaden einfach durchgezogen. Durch die Sterne mit einem Loch wird der Perlonfaden durchgesteckt und unten mit einem Knoten versehen. Auf diese Weise hängen die Sterne schräg im Weltraum.

Aufhängen des Mobiles

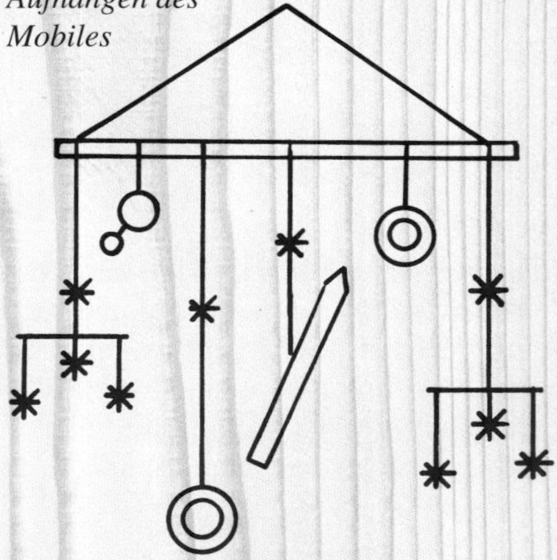

VOGEL-TREFF

Material:
- *Sperrholz, 3 mm: 14 cm x 28 cm*
- *1 Rundholz, ø 8 mm: 30 cm lang*
- *21 Rundhölzer, ø 4 mm: 12 cm lang*
- *3 Rundhölzer, ø 4 mm: 11 cm lang*
- *2 Holzleisten, 0,5 cm: 1 cm breit, 4,8 cm lang*
- *3 kleine Schraubösen*
- *14 schwarze Straßsteine, ø 3 mm*
- *Perlonfaden*
- *Bohrer: 4 mm*

Zuschnitt:
- *3 x sitzender Vogel*
- *4 x fliegender Vogel*
- *4 x Käfigteil*

Übertragen Sie die Vorlagen auf das Holz, und sägen Sie die Teile aus. Die Flügel und Schwänze der Vögel werden eingesägt.
Bemalen Sie die Vögel, und kleben Sie die Straßsteine als Augen auf.
Legen Sie zwei Käfigteile aufeinander, und bohren Sie mit dem 4-mm-Bohrer die Löcher hindurch (Kreuze auf der Vorlage). Die anderen beiden Käfigteile bleiben unversehrt.
Für den Käfigboden leimen Sie ein Teil mit Löchern auf ein Teil ohne Löcher. Stecken Sie 20 Rundhölzer (12 cm lang) in die Bodenlöcher, und leimen Sie sie fest. Das Loch mit dem Pfeil bleibt vorerst leer, dort wird später die Tür eingesetzt.
Für die Käfigtür schleifen Sie die Enden der kleinen Holzleisten schräg ab und bohren gleichmäßig verteilt mit dem 4-mm-Bohrer vier Löcher durch. Stecken Sie durch drei nebeneinanderliegende Löcher beider Holzleisten die drei kürzeren Rundhölzer, und leimen Sie sie oben und unten fest. Durch die beiden restlichen Löcher der Holzleisten stecken Sie den letzten Holzstab, so daß er oben und unten etwas übersteht (nicht festleimen).
Diese Tür setzen Sie in das letzte Loch der Bodenplatte ein (nicht festleimen), stecken die Käfigdeckplatte mit Löchern auf den Käfig und leimen sie dort fest. Die letzte Deckplatte leimen Sie als Abschluß auf den Käfig.

Käfigtür

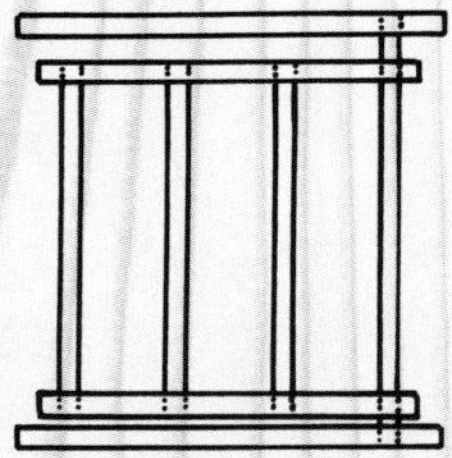

Drehen Sie in die Käfigdecke gleichmäßig verteilt drei Schraubösen zum Aufhängen. Setzen Sie einen Vogel in die offene Käfigtür und zwei Vögel oben auf den Käfig. Schmirgeln Sie die Enden des dicken Holzstabes rund, und hängen Sie das komplette Mobile auf (die fliegenden Vögel werden an den eingesägten Flügeln aufgehängt).

Aufhängen des Mobiles

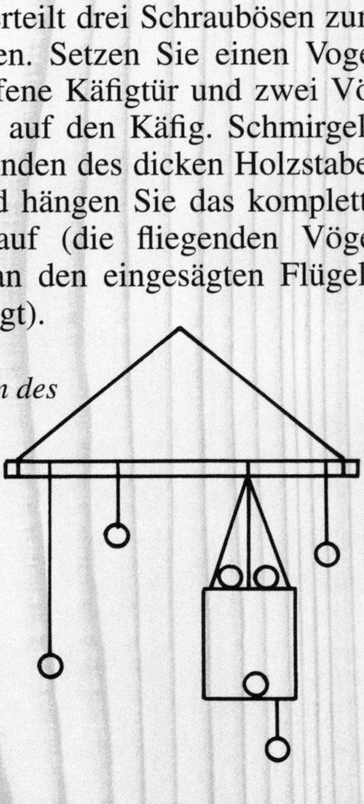

KASPER UND HEXE

Diese lustigen Drehfiguren faszinieren besonders die Kinder. Einmal aufgewickelt purzeln sie kopfüber in die Tiefe.

Material für eine Drehfigur:

- *Vollholz, 1,8 cm: 22 cm x 22 cm*
- *1 Rundholz, ⌀ 1 cm: 30 cm lang*
- *2 Holzkugeln, ⌀ 3 cm*
- *Schnur zum Aufhängen*
- *Bohrer: 2 mm und 10 mm*

Die Figur wird auf das Vollholz übertragen und entlang der durchgezogenen Linie ausgesägt.
An der Stelle, die mit dem Kreuz gekennzeichnet ist, wird ein 10 mm großes Loch in die Hand gebohrt. Ebenso werden die Löcher in den Kugeln auf 10 mm vergrößert. 1,5 cm von den Enden des Rundholzes entfernt, wird jeweils ein 2 mm großes Loch durch den Rundstab gebohrt.
Die Figur wird geschmirgelt, bemalt und in der Mitte des Holzstabes festgeleimt. Durch die Löcher an den Enden des Rundholzes stecken Sie je ein Ende der Schnur und verknoten sie. Nun werden die Holzkugeln über die Rundholzenden gesteckt und verleimt.
Jetzt kann der Drehspaß beginnen.

SCHWINGTIER „VOGEL"

Material:
- *Vollholz, 1,7 cm: 25 cm x 8 cm*
- *Sperrholz, 3 mm: 17 cm x 20 cm*
- *2 Wackelaugen, ⌀ 11 mm*
- *9 kleine Schraubösen*
- *1 Zugfeder*
- *Bindfaden*
- *Hutgummi*
- *Bohrer: 1 mm*

Zuschnitt:
- *1 x Körper aus Vollholz*
- *2 x Flügel aus Sperrholz*

Übertragen Sie die Vorlagen auf die entsprechenden Hölzer, und sägen Sie die Teile aus.
Bohren Sie in den Vogelkörper die Löcher für die Schraubösen vor. Auf jede Körperseite kommen zwei Löcher (auf der Vorlage ein Kreis mit einem Punkt in der Mitte), der Rücken erhält ein Loch. Biegen Sie mit einer Zange vier der Schrauböser etwas auseinander, und drehen Sie sie in die Seiten des Vogels. In den Rücken wird eine geschlossene Schrauböse geschraubt.
Mit dem 1-mm-Bohrer werden die Löcher für die Aufhängung durch die Flügel gebohrt (auf der Vorlage ein Kreis mit einem Kreuz in der Mitte). In die Seiten der Flügel kommen die Löcher für die Schraubösen. Der Abstand dieser Löcher zueinander muß mit dem Abstand der Ösen (im Vogelkörper) zueinander übereinstimmen. Überprüfen Sie dies unbedingt vor dem Bohren!
Drehen Sie danach die restlichen Schraubösen in die Seiten der Flügel, und bemalen Sie sowohl den Vogelkörper als auch die Flügel. Kleben Sie die Wackelaugen auf.
Hängen Sie die Flügel in die offenen Schraubösen des Körpers ein, und biegen Sie diese Ösen mit einer Zange vorsichtig wieder zu.
Biegen Sie an der Zugfeder die beiden obersten Spiralen nach oben und die beiden untersten Spiralen nach unten.
Ziehen Sie durch die Schrauböse auf dem Vogelrücken ein Stück Hutgummi (ca. 40 cm lang). Durch die beiden Löcher in den Flügeln ziehen Sie jeweils ein Stück Bindfaden (auf jeder Seite ca. 40 cm) und verknoten es.
Nehmen Sie Hutgummi und die beiden Fäden in eine Hand. Halten Sie den Vogel so, daß die Flügel waagrecht abstehen, und verknoten Sie Fäden und Gummi miteinander.
Hängen Sie den Schwingvogel in die beiden untersten Federspiralen ein, und hängen Sie ihn an den beiden obersten auf.

Aufhängung des Schwingvogels

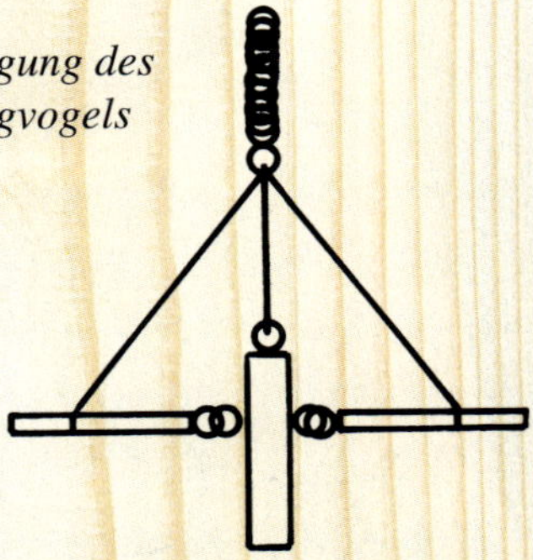

ACHT FÜSSE FÜR DIE HANDTÜCHER

Material:
- *Vollholz, 18 mm: 30 cm x 15 cm*
- *2 Klappösen zur Befestigung an der Wand mit passenden Nägeln oder Schrauben*
- *8 Haken*
- *Bohrer: 2 mm*

Der „Tausendfüßler" wird auf das Vollholz übertragen, ausgesägt und geschmirgelt. An der Rückseite werden die Klappösen befestigt und auf der Vorderseite die Löcher für die Haken vorgebohrt (siehe Kreuze auf der Vorlage).
Nun wird der lustige Helfer möglichst farbenfroh bemalt und mit Haken versehen. Hier findet nun allerlei „Kleinkram" seinen Platz.

HAAR-SPANGEN

Material für die Mäuse-Haarspange:

- *Sperrholz, 5 mm: 12 cm x 8 cm*
- *Kurzes Stück Schnur*
- *Haarspange*
- *2 kleine Schrauben*
- *Bohrer: 1 mm*

Material für die bunte Haarspange:

- *Sperrholz, 5 mm: 13 cm x 4 cm*
- *Sperrholz, 1 mm: 10 cm x 4 cm*
- *Haarspange*
- *2 kleine Schrauben*

Material für die Haarspange aus Vollholz:

- *Vollholz, 1,8 cm: 11 cm x 4 cm*
- *Zwei-Komponenten-Kleber*

Mäuse-Haarspange:
Die Maus wird ausgesägt und bemalt. Entlang der gestrichelten Linie bohren Sie ein Loch (1 mm) und kleben den Schwanz ein.
Die Haarspange wird von hinten aufgeschraubt.

Bunte Haarspange:
Sägen Sie das Teil 1 aus 5 mm dickem Sperrholz aus. Die Teile 2, 3 und 4 fertigen Sie aus 1 mm dickem Sperrholz, bemalen sie auf der Oberseite und leimen sie auf Teil 1 auf.
Die Haarspange wird auf der Rückseite aufgeschraubt.

Haarspange aus Vollholz:
Übertragen Sie die Vorlage auf das Vollholz, sägen Sie sie aus, und schmirgeln Sie das Teil sorgfältig glatt. Befestigen Sie das so behandelte Holzstück auf der Haarspange mit Zwei-Komponenten-Kleber, und wachsen Sie es abschließend ein.

ZOO

Material:

- *Sperrholz, 18 mm: 30 cm x 45 cm*
- *Sperrholz, 8 mm: 20 cm x 20 cm*
- *Bohrer: 2 mm, 3 mm und 4 mm*

Zuschnitt:

- *4 x Pinguin aus Sperrholz, 18 mm*
- *3 x Schlange aus Sperrholz, 18 mm*
- *2 x Giraffe, Krokodil, Kamel, Elefant und Nilpferd (große Vorlage) sowie Baum aus Sperrholz, 18 mm*
- *1 x Giraffe, Krokodil, Kamel, Elefant und Nilpferd (kleine Vorlage) aus Sperrholz, 18 mm*
- *10 x Zaun aus Sperrholz, 8 mm*

Übertragen Sie alle Objekte auf die entsprechenden Hölzer, und sägen Sie die Teile aus.

Bohren Sie mit dem 2-mm-Bohrer die Augen der großen Giraffen, mit dem 3-mm-Bohrer die Augen der großen Krokodile und Kamele und mit dem 4-mm-Bohrer die Augen der großen Elefanten und Nilpferde.

Bemalen Sie abschließend alle Teile. Das Muster der Giraffen ist etwas aufwendig, aber die Arbeit lohnt sich!

Sie können den Zoo natürlich beliebig erweitern. Ihrer Phantasie sind dabei keine Grenzen gesetzt!

Geburtstagsblume

Diese Geburtstagsblume reicht bis zum zehnten Geburtstag. Die Käferchen können einfach durch Kerzen ersetzt werden.

Material:

- *Vollholz, 1,5 cm: 21 cm x 21 cm*
- *1 Kiefer-Rechteckleiste: 1 cm dick, 8 cm breit, 27 cm lang (kleine Blätter)*
- *1 Kiefer-Rechteckleiste: 1 cm dick, 8 cm breit, 90 cm lang (große Blätter)*
- *1 Holzhalbkugel, ø 3,5 cm*
- *5 Holzhalbkugeln, ø 2,5 cm*
- *4 Holzhalbkugeln, ø 2 cm*
- *1 Holzscheibe, ø 2,5 cm: 0,5 cm dick*
- *1 Rundstab, ø 0,9 cm: 20 cm lang*
- *9 Holzscheibchen (aus Rundstab gesägt), ø 0,9 cm: 0,5 cm dick*
- *Bohrer: 9 mm und 12 mm*

Zuschnitt:

- *4 x kleines Blütenblatt*
- *6 x großes Blütenblatt*
- *1 x Bodenplatte*

Übertragen Sie die Vorlagen auf die entsprechenden Hölzer, und sägen Sie die Teile aus. Bohren Sie mit dem 9-mm-Bohrer die Löcher durch die Bodenplatte und durch die Blütenblätter (die Positionen sind durch ein Kreuz mit einem vollständigen Kreis darum gekennzeichnet).
Mit dem 12-mm-Bohrer bohren Sie vorsichtig die Vertiefungen (keine Löcher!) für die Kerzen in die Blütenblätter (die Positionen sind durch ein Kreuz mit einem gestrichelten Kreis darum gekennzeichnet).
Leimen Sie den Rundstab in das Loch der Bodenplatte ein.
Bohren Sie mit dem 9-mm-Bohrer vorsichtig ein Loch durch die Holzscheibe, stecken Sie diese auf den Rundstab, und leimen Sie sie auf der Bodenplatte fest.
Die Blütenblätter werden in folgender Reihenfolge zusammengeleimt: ganz unten werden drei große Blütenblätter angebracht, dann abwechselnd ein kleines und ein großes Blatt. Stecken Sie die Teile auf den Rundstab, und schieben Sie sie in die gewünschte Position. Achten Sie darauf, daß alle Kerzen später ohne Probleme brennen können. Zeichnen Sie die Positionen leicht mit einem Bleistift auf den Blättern an.
Bemalen Sie nun alle Teile (inklusive der Bodenplatte), und leimen Sie die Geburtstagsblume auf dem Holzstab zusammen. Achten Sie darauf, daß alle Stellen, an denen geleimt wird, ohne Farbe bleiben.
Sägen Sie den Rundstab ca. 0,5 cm über dem obersten Blütenblatt ab.
Bohren Sie mit dem 9-mm-Bohrer in die Unterseite der großen Holzhalbkugel eine Vertiefung (ca. 0,5 cm tief). Auf die Unterseiten der übrigen Holzhalbkugeln wird je ein Holzscheibchen geleimt. Bemalen Sie alle Holzhalbkugeln so, daß sie wie kleine Glückskäfer aussehen.
Der große Käfer wird auf die Spitze der Geburtstagsblume geleimt, die übrigen Käfer werden auf die Kerzenvertiefungen gesetzt, die zum Geburtstag noch ohne Kerze sind.

BUCHSTÜTZE

Diese Katze auf dem Regal hält im Schlaf die Bücher fest. Die Buchstütze hat den großen Vorteil, daß sie nicht wegrutscht, wenn Bücher dagegen gelehnt werden. Durch ihr neutrales Äußeres paßt sie auf jedes Bücherregal.

Material:

- *Vollholz, 18 mm: 2 cm x 18 cm*

Die Vorlage für die Katze wird auf das Vollholz übertragen und ausgesägt. Besondere Sorgfalt sollten Sie auf das Schmirgeln verwenden, da die Katze nicht bemalt, sondern nur gewachst wird. Sie können dazu sehr gut gefärbtes Wachs verwenden.

Dackel, Nilpferd und Eisbär auf Achse

Diese kleinen munteren Gesellen laden zum Schieben ein. Durch den großen Griff am Rücken können sie auch schon von ganz kleinen Kindern gut in Bewegung gesetzt werden.

Material für ein Tier:

- *Vollholz, 16 mm: 12 cm x 9 cm*
- *4 Holzräder, ø 30 mm: 1 cm dick*
- *2 Rundhölzer, ø 4 mm: 3,9 cm lang*
- *Bohrer: 4 mm und 5 mm*

Das Tier wird auf das Vollholz übertragen, ausgesägt und geschmirgelt.
Für die Achsen werden an der Stelle der Kreuze 5 mm große Löcher durch den Körper gebohrt.
Die Löcher in den Rädern werden auf 4 mm vergrößert. Nun bemalen Sie das Tier komplett, die Räder hingegen nur an den Innenseiten.
Stecken Sie jeweils ein Rad auf ein Rundholz, und verleimen Sie es. Die Achsen führen Sie durch den Tierkörper durch und befestigen auf dem freien Ende jeweils ein zweites Rad.
Die Vorderseiten der Räder werden glattgeschmirgelt und bemalt. Fertig ist der Schiebespaß!

LATERNEN

Diese Laternen passen nicht nur zur Adventszeit auf den Tisch. Die Schmetterlingslaterne kann das ganze Jahr über auf dem Fensterbrett stehen und abends leuchten. Als Kerze wird ein einfaches Teelicht verwendet.

Material für eine Laterne:

- *Sperrholz, 3 mm: 12 cm x 12 cm (für die Bodenplatte)*
- *Sperrholz, 3 mm: 28 cm x 33 cm (für die Seiten)*
- *6 Vierkanthölzer, 0,5 cm x 0,5 cm: 12 cm lang*
- *2 Vierkanthölzer, 0,5 cm x 0,5 cm: 10,5 cm lang*
- *Bohrer: 2 mm*

Übertragen Sie die Laternenseite viermal auf die größere Sperrholzplatte. Die gestrichelten Linien an den Seiten übertragen Sie nur auf zwei der vier Laternenseiten. Sägen Sie die Teile entlang der äußeren Linie aus. Zwei der ausgesägten Laternenteile kürzen Sie rechts und links um je 3 mm entlang der gestrichelten Linie.

Sägen Sie nun die Innenmotive aus. Dazu bohren Sie mit dem 2-mm-Bohrer in jedes Motiv ein Loch. Durch dieses Loch stecken Sie das Sägeblatt vor dem Einspannen in die Säge. Die Fühlerenden der Schmetterlinge können Sie ebenfalls mit dem Bohrer bohren.

Leimen Sie zwei kurze und (diesen gegenüber) zwei lange Vierkanthölzer ganz an den Rändern auf die Bodenplatte (12 cm x 12 cm). Dann leimen Sie auf die Innenseiten der schmaleren Seitenteile (ganz an den Seitenrändern) zwei der längeren Vierkanthölzer auf. Der Abstand vom Bodenrand sollte 1 cm betragen.

Aufleimen der Vierkanthölzer auf den Laternenboden und die beiden schmaleren Seitenplatten

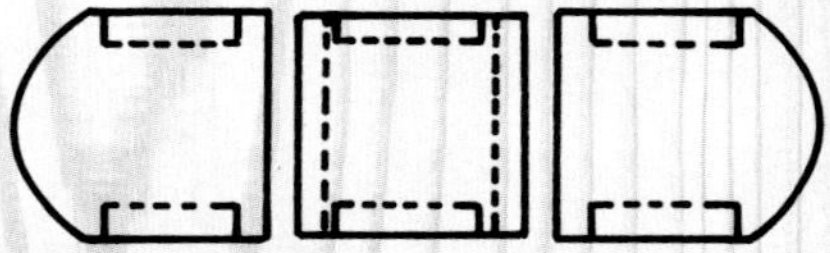

Nun leimen Sie die beiden schmaleren Seitenteile von außen an den Boden an, und zwar an zwei gegenüberliegenden Seiten. Die beiden übrigen Seitenteile werden abschließend von außen gegen den Boden und die bereits feststehenden Laternenseiten geleimt.

Bemalen Sie die fertige Laterne außen und an allen Kanten mit einer kräftigen, nicht zu hellen Farbe. Damit das Kerzenlicht schön leuchtet, benutzen Sie für das Laterneninnere eine möglichst helle, leuchtende Farbe.

Wichtiger Hinweis:
Lassen Sie Kerzen nie unbeaufsichtigt brennen! Vor allem sollten Sie Ihre Kinder niemals mit brennenden Kerzen allein lassen!

ADVENTSKALENDER

Dieser Adventskalender kann jedes Jahr neu bestückt werden. Für mehrere Kinder können die Anhänger farblich variiert werden, so daß jedes Kind sein eigenes Päckchen bekommt.

Material:
- *Vollholz, 1,7 cm: 42 cm x 30 cm*
- *24 kleine Schraubösen*
- *2 Aufhängeösen für Bilder (mit zugehörigen Schrauben)*
- *Bohrer: 1 mm*

Zuschnitt:
- *1 x Schweif*
- *1 x großer Stern*
- *9 x kleiner Stern*

Übertragen Sie die Vorlagen auf das Holz, und sägen Sie die Teile aus.

Leimen Sie den großen Stern und die kleinen Sterne auf den Schweif auf (die Positionen sind durch gepunktete Linien gekennzeichnet).
Bohren Sie die Löcher für die Schraubösen vor, und drehen Sie diese ein. Der große Stern bekommt in die Mitte eine Schrauböse, die restlichen werden auf die kleinen Sterne verteilt.
Zum Aufhängen des Adventskalenders befestigen Sie auf der Rückseite des Schweifes die beiden Bilderösen.